联合国
粮食及
农业组织

U0272042

营养导向型
农业投资规划

项目规划提要和指南

Designing nutrition-sensitive agriculture investments

Checklist and guidance for
programme formulation

联合国粮食及农业组织　编著
孙君茂　卢士军　黄家章　编译

联合国粮食及农业组织
农业农村部食物与营养发展研究所

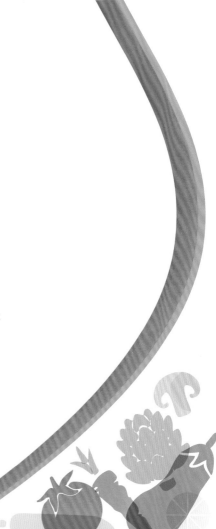

 中国农业科学技术出版社

图书在版编目（CIP）数据

营养导向型农业投资规划：项目规划提要和指南=Designing nutrition-sensitive agriculture investments / 联合国粮食及农业组织编著；孙君茂，卢士军，黄家章编译 . -- 北京：中国农业科学技术出版社，2018.12

ISBN 978-7-5116-3949-3

Ⅰ . ①营… Ⅱ . ①联… ②孙… ③卢… ④黄… Ⅲ . ①农业投资—指南 Ⅳ . ① F304.4-62

中国版本图书馆 CIP 数据核字 (2018) 第 288736 号

责任编辑　崔改泵
责任校对　李向荣
责任印刷　姜义伟　王思文
出 版 者　中国农业科学技术出版社
　　　　　北京市中关村南大街 12 号　　邮编：100081
电　　话　（010）82109194（编辑室）　（010）82109704（发行部）
　　　　　（010）82109709（读者服务部）
传　　真　（010）82106650
网　　址　http://www.castp.cn
经 销 者　各地新华书店
印 刷 者　北京地大彩印有限公司
开　　本　148mm × 210mm　1/32
印　　张　2
字　　数　58 千字
版　　次　2021 年 12 月第 1 版　2021 年 12 月第 1 次印刷
定　　价　15.00元

前言

近几十年来，经济增长和社会保护机制帮助许多人脱贫，食物短缺状况也显著好转。但儿童营养不良的患病率仍居高不下，肥胖和膳食相关的慢性疾病患者数量仍在不断攀升。

2014 年 11 月，在由联合国粮食及农业组织（FAO）和世界卫生组织（WHO）举办的第二届国际营养会议（ICN2）期间，170 多个成员国表示，营养不良的多种形式（包括营养不足、微量营养素缺乏、超重和肥胖），均对人们的身体健康产生不良影响，导致个人、群体和国家在经济与社会层面付出了沉重的代价。第二届国际营养会议发表的文件"罗马营养宣言"及其"行动框架"均提出食物系统应以消除各种形式的营养不良为核心。

由于资源短缺和环境恶化、不可持续的生产和消费模式、食物损失和浪费，以及分配不均等制约因素的影响，当前旨在提供充足、安全、多样化和营养丰富的食物系统正在受到日益严峻的挑战。

因此，农业和食物系统的投资规划对于改善营养食物的供应、获得和消费至关重要。这些投资来自国际融资机构、国家级的公共资源以及农民自身和私营业主。可以利用这些主体来支持食物营养工作，但是这样做需要充分考虑相关投资对于食物营养的意义。应建议着力实现膳食多样化；改进加工方法，使健康食品的保质期延长且便于制备；确保投资公平并兼顾环境。此外，应加大营养宣教的资源投入，以倡导消费者合理选择膳食。

粮农组织成员国及其合作者正在吸纳更多的国家和国际公约，以寻求可靠的技术方法和实践经验。自 2011 年以来，粮农组织粮食及营养司（ESN）和投资中心（TCI）一直在不断加强合作以满足这一需求，并提高粮农组织投资的营养导向性。相关合作旨在协助各国政府和国际金融机构确保其投资的"营养导向性"，在兼顾环境的同时，最大限度地造福人类。

这些合作促进了相关技术方法的发展（包括本指南），更加有利于指导营养导向型项目的规划设计。本指南基于对营养导向型农业成果的系统综述，制定时已经过粮农组织内部及其发展伙伴的广泛磋商，并在多个国家进行了预实验。这是一个崭新的领域，我们期待着继续与各方合作，摸索如何提高农业投资对于食物营养的贡献。

Anna Lartey
粮农组织粮食及营养司司长

Gustavo Merino
粮农组织投资中心主任

致谢

　　本指南清单由粮农组织粮食及营养司（ESN）和投资中心（TCI）联合制定。主要作者为Anna Herforth （FAO 顾问）、Charlotte Dufour （FAO 营养政策和计划主任，ESN）和Anna-Lisa Noack（FAO 营养导向型投资顾问，TCI）。本指南清单基于非洲联盟（AU）和非洲发展新伙伴关系（NEPAD） CAADP 营养能力发展倡议区域研讨会制定的工作指南，并通过了 FAO 投资中心、FAO 粮食及营养司和 Ag2Nut 社区实践的多项审查。特别感谢 Johanna Jelensperger （FAO Agriculture Economics Division）、Benoist Veillerette （FAO TCI）、Pamela Pozarny （FAO TCI）、Domitille （ESN）、Ruth Charrondi è re （ESN）、Yenory Hernandez Garbanzo （ESN）、Florence Tonnoir （ESN）、Nomeena Anis （FAO Pakistan）、 Lalita Bhattacharjee （FAO Bangladesh）、 Heather Danton （USAID SPRING）和 Andrea Spray （World Bank Group）对本书作出的贡献。最后，感谢编辑 Jayne Beaney、 美术设计师 Juan Luis Salazar 和通讯专员Chiara Deligia （ESN）的支持。

　　感谢德意志联邦共和国、欧盟的改善全球消除饥饿计划和比尔及梅琳达·盖茨基金会的支持。

目　录

第一章　引言

长期的严重营养不良（表现为急、慢性营养不良以及宏量营养素缺乏），加之超重和慢性病发病率的日益提高，促使各部门及利益相关方为解决营养不良问题达成政治约定。

2014年11月，第二届国际营养会议（ICN2）期间，FAO和WHO成员国通过了"罗马营养宣言"及其"行动框架"，并重申其致力于消除一切形式的营养不良的承诺。ICN2行动框架强调了"审查国家政策和投资，并将营养目标纳入食物和农业政策、规划设计和措施的重要性"。

食物系统的主要职责是，在环保的前提下使食物更加易于购买、可负担、多样、安全、文化适宜，以确保为人们提供更好的食物。诸多机构声称其在食物系统方面的投资是"营养导向型"的，但来自食物和农业部门的许多专家仍在寻求关于规划制定和实施层面的指导。

FAO与民间组织（CSO）、非政府组织（NGO）、政府人员、捐助组织、联合国机构，特别是农业营养实践社区（Ag2Nut）磋商，制定了一揽子通过农业改善食物营养状况关键建议（共10条，见下文）。这些建议是在与合作伙伴（民间社会组织、非政府组织、政府官员、捐助者、联合国机构）以及Ag2Nut实践社区进行磋商，对现有农业规划指南进行广泛综述分析，并对FAO的"营养农业规划综合指导原则"总结后制定的。这些建议也被一些合作者称为"指导原则"，并被其他机构所采用。

本指南清单旨在成为农业投资规划设计者的指导工具。本书构架围绕规划周期的第一阶段（现况评估、规划设计和项目评审）展开，其中包括关键问题、小贴士和参考资料等内容，可在以下方面协助规划设计：

- 确定现况评估过程所需要的信息，用以规划营养导向型农业项目；
- 指导项目目标和核心群体的确定、干预措施的选择以及实施方式的界定；
- 规划完成后，用"营养透镜"严苛地审查规划和战略文件。

本指南清单制定的初衷是确保农业投资以"营养导向"为原则，并且需要根据特定的应用环境进行不断修订。因此，本指南清单不提供所谓的"标准答案"，而是提出问题和小贴士，这可以指导从业人员找到适合当地情况的解决方案。小贴士主要来自《综合营养农业规划指导原则》（FAO，2013）。清单中列出的关键问题源自利益相关方的意见，其中一些来自世界银行的刊物《在农业和农村发展方面优先考虑营养问题：运营投资的指导原则》（Herforth et al, 2012）。

本指南清单由 FAO 另外两份出版物（2016 年前发布）补充：

- 《食物和农业营养行动纲要》：该纲要提供了与作物生产、园艺、家畜、渔业、食品加工、林业和营养推广有关的干预措施清单，其作为多部门战略的一部分将有助于改善食物营养状况。
- 《营养导向型农业指标汇编》：该文件介绍了一系列可用于监测和评估农业、农村发展投资的营养相关影响指标。为每项指标的衡量标准、数据收集的主要特点以及相关指南的运用提供指导。

我们希望本指南可以通过充分的利用可获取的资源，帮助您找到创造性、针对性和可持续的居民食物营养解决方案。

食物系统不仅能够满足人们的营养需求,还能促进经济的增长。

第二章　通过农业和食物系统改善营养的关键建议

食物和农业部门的主要职责是，在遵循膳食建议和环境可持续发展的前提下，使食物易于购买、可负担、消费多样、营养安全，以确保为人们提供良好的膳食。这些原则有助于在外界环境改变时提高食物系统的适应性或弹性并促进其可持续发展。

基于以下原则，农业规划和投资能够增进食物营养：

1 将明确的营养目标和指标纳入设计，并追踪和减轻潜在的危害，寻求与经济、社会和环境目标的协同作用。

2 评估当地情况，设计合理的行动方案，以解决不同类型的营养不良及其致病原因，包括慢性或急性营养不良、维生素和矿物质缺乏、肥胖和慢性病。背景评估可以包括潜在的食物资源、农业生态学、生产和收入的季节性波动、土地等生产性资源的获得、市场机会和基础设施、劳动力性别变化趋势、与其他部门或项目计划合作的机会以及当地优先事项。

3 瞄准弱势群体，提高公平性。通过参与，使弱势群体获得资源和体面就业来提高公平性。弱势群体包括小农户、妇女、青年、无土地者、城市居民和失业者。

4 与其他部门协调合作。通过共同目标的联合战略，与其他部门（健康、环境、社会保护、劳工、水和卫生、教育、能源）和项目计划进行协作、协调，共同解决营养不良的多重根源。

5 维护或改善基础自然资源。维护或改善水、土壤、空气、气候和生物多样性,这对于弱势农民的生计和适应能力,以及人类粮食与营养安全的可持续至关重要。特别是水资源管理,可减少媒介传播的疾病,确保可持续的、安全的家庭水源。

6 赋予女性权利。主要体现在:通过确保获得生产性资源、收入机会、技术推广服务和信息服务、信贷、高效省力省时技术(包括能源和供水服务),并支持女性在家庭和农业决策中的发言权。将其工作学习机会均等与正常孕育相兼顾。

7 促进生产多样化,提高营养丰富的作物和小规模牲畜的产量,如园艺产品、豆类、小规模家畜和小型动物、未充分利用的作物和生物强化作物。多样化的生产体系对弱势生产者至关重要,可以帮助其抵御气候和价格影响,获得多样化的食品消费,减少季节性食物和收入波动,以及获取更多的性别公平收入。

8 提高加工、储存和保存技术。改进加工、储存和保存工艺,以保证食物的营养价值,提高保质期和安全性,降低影响粮食安全的季节性波动和产后损失,以利于健康食品生产。

9 针对弱势群体扩大市场和市场准入,特别是经营营养食物的商户,或在生产方面具有相对优势的弱势群体。这包括创新促销(如基于营养成分的营销)、提高附加值、获取价格信息和组建农民合作组织。

10 将营养促进与营养宣教融入食物和可持续食物系统。基于当地现有的知识、认知和做法进行农业干预与营养教育。营养知识可以影响农村家庭生产和收入,特别是对妇女和儿童尤为重要,还可以增加普通人群对营养食物的需求。

FAO. 2015. 关于通过农业和食物系统改善营养状况的主要建议。

见：www.fao.org/3/a-i4922e.pdf

第三章　现况评估

设计营养导向型干预方案时，首先要对实际情况有深入的了解，特别是涉及不同人群的营养问题及其复杂成因，以及改善食物营养安全状况的社会体制大环境。这部分内容主要针对关键建议 2 的应用。现况评估还应获取有助于其他九项关键建议开展的信息。

关键建议 2：
评估当地情况，设计合理的行动方案，以解决不同类型的营养不良问题。

一、体制、政策和规划背景

改善食物营养状况需要在不同领域投资，包括食物和农业、健康、饮水和卫生、教育和社会事务。食物和农业部门的干预措施需要与其他部门相互协调，以满足弱势群体的各种基本需求。

现况分析时，首先应确定食物和营养安全干预项目的负责机构、参与单位，这可以使项目执行团队明确信息来源和合作人。此外，大多数情况下，如果许多干预措施已经开展，任何新的措施都应在立足于现有条件的基础上，汲取先前的经验与教训。

问题：

● 在中央、地方和当地，与食物和营养安全政策和方案制定相关的主要部委和政府机构有哪些？
● 参与食物和营养安全工作的主要意向伙伴有哪些（捐助者、联合国、非政府组织、学术界、民间社会组织）？他们的工作领域是什么？

- 参与食物和营养安全干预的主要私营部门实体有哪些（包括农民组织）？他们如何参与？
- 与食物和营养安全相关的主要指导性政策和设计框架有哪些？目前应用和实施状况如何？
- 用于处理食物和营养安全相关问题的协调预案哪些？

小贴士

- 通常参与食物和营养安全的部委包括：农、林、牧、渔、卫生、社会事务、妇女事务、教育等相关部委。

- 在出现针对儿童饥饿（REACH）伙伴关系和（或）扩大营养（SUN）覆盖的项目时，协调者是关键，因为他们更清楚各参与方在营养方面所做的工作。

二、国家／规划地区的营养状况

了解一个地区的营养状况对于确定与营养有关的规划目标至关重要。

问题：

- 国家／规划地区的营养不良患病率是多少？
  - 急性营养不良／消瘦（严重和中度）；
  - 慢性营养不良／发育迟缓；
  - 学龄前儿童和女性的微量营养素缺乏症，特别是铁（贫血）、碘、维生素 A 和锌；
  - 儿童和成人超重；
  - 女性低体重。
- 急性营养不良率是否有季节性因素或性别差异？这些如何解释？
- 某些地区比其他地区更容易出现营养不良吗？（如果是这样，哪些地区更易出现营养不良？原因是什么？）
- 某些特定的营生群体和／或社会经济群体，如小农户、无地户、城市居民、失业者、少数民族等是否比其他人更容易出现营养不良？分别是什么形式的营养不良，原因是什么？

一旦营养不良的发生率被确定，首先要判断该地区发病的主要原因以及项目干预目标人群。这些可能与日常膳食以及食物的获取有关，也可能与传染病或哺乳和护理条件有关，或是与女性的劳动负担有关。理想状况是，项目团队直接获取已有的营养状况报告作为参考。如果没有，解决以下问题可能有助于确定营养不良的一些主要决定因素。

在哪里获取信息

- 营养调查、疾病监测、营养政策和战略文件、营养康复中心的就诊记录，通常可从卫生部、联合国儿童基金会 (UNICEF) 和 / 或世界卫生组织 (WHO) 获得。

- 以下网站：
    - 全球营养报告：globalnutritionreport.org
    - 联合国儿童基金会 ChildInfo：www.childinfo.org/malnutrition_nutritional_status.php
    - 世界银行世界发展指标：http://data.worldbank.org
    - 世卫组织营养数据库：www.who.int/nutrition/databases/en/index.html
    - 世界卫生组织非传染性疾病国家概况（2011年）：www.un.org/en/ga/ncdmeeting2011/pdf/ncd_profiles_report.pdf
    - 联合国儿童基金会追踪儿童和孕产妇营养不良问题的进展（2009）：www.unicef.org/publications/files/Tracking_Progress_on_Child_and_Maternal_Nutrition_EN_110309.pdf
    - 世界银行营养国家研究组（2010—2011）：www.worldbank.org/nutrition/profles
    - 联合国粮食及农业组织（2014年）粮食和营养手册（www.fao.org/3/a-i4175e.pdf）

- 与卫生部、儿童基金会、从事营养方案工作的非政府组织的专业人员进行的重点访谈；当地诊所；来自农业部、粮农组织、饥荒预警系统网络和世界粮食计划署脆弱性评估和监测单位的专业人员也可能掌握关于易受营养不良影响的生计区和群体的信息。

- 与在食物和营养安全领域工作的利益相关方协商研讨。参考粮农组织关于 "Agreeing on Causes of Malnutrition for Joint Action" 的指南和电子学习模块 (www.fao.org/3/ai3516e.pdf 和 http://www.fao.org/elearning/#/elc/en/course/ACMJA)

三、健康和卫生环境（含食品安全）

问题：

- 什么是最高发的疾病［例如，疟疾、艾滋病毒携带／艾滋病、腹泻、急性呼吸道感染（ARI）、慢性病］？如有可能，指明其患病率和严重程度。

- 家庭从哪里获取饮用水？是否有自来水供应？水是否干净或受到污染（包括生物或化学污染物）？

- 农业和生活用水由谁采集和供应？

- 农业或农业生产是否影响供水量或水质？

- 动物是否饲养在家中或附近（特别是幼儿可能玩耍的地方）？

- 是否存在人畜共患疾病的风险？

- 家里是否定期驱虫？

- 家里是否有厕所？是否经常使用？

- 家里是否使用肥皂？饭前便后、喂孩子前、接触动物后等是否洗手？

- 不同地区、社会经济状况或者性别之间是否存在差异？

- 食物供应中是否存在食品安全问题，如化学或微生物污染物？

在哪里获取信息

- 人口与健康调查 (DHS)、多指标聚类调查 (MICS) 或包括供水数据的其他健康调查。

- 可依托完善的监控系统。国家或区域水平的人畜共患疾病、食品微生物和化学污染的数据可从世界卫生组织全球环境监测系统（食物污染监察及评估计划）获得。

- 实地考察。

- 与卫生部工作人员、非政府组织、地方研究机构、焦点小组讨论和进行重点访谈。

- 联合国全球水卫生和饮用水分析与评估 (GLAAS) www.who.int/water_sanitation_health/glaas

- 世界卫生组织 / 儿童基金会供水和卫生联合监控项目 www.wssinfo.org

四、食物消费模式和膳食需求

问题：

- 当地膳食是否可以满足人们对食物多样以及能量、蛋白质和微量营养素等方面的营养需求？当地膳食中的食物种类、膳食搭配或营养素有哪些不足？
  - 当地膳食中最常吃的食物是什么？
  - 当地典型的膳食结构是什么样？例如，谷类食物占多少，与膳食指南相比如何？
  - 加工和消费的特殊食物有哪些（包括栽培品种、品系或种、或野生及未充分利用的食物）？是否可用于解决现有营养问题，特别是大量生产时？居民是否容易获取？可在本地种植或运输到本地吗？
- 在满足营养需求方面，人群亚组之间是否存在差异？
  - 在食物消费方面是否存在地理或种族差异？性别差异？哪些人是群体中的营养弱势人群？
  - 母乳喂养和辅助喂养（适合两岁以下儿童）是否充分？特别是在喂养频率、能量密度和多样性等方面。
  - 孕产妇的高营养膳食需求能否得到满足？
  - 文化习俗和食物禁忌是否限制特定群体或个人对特定食物的消费？
- 食物消费模式是否改变？如改变，以何种方式改变？例如，由于人口增长而带动需求增加，城市化导致对外部输入食物的日趋依赖，对膳食带来哪些变化？
  - 日常膳食中工业化生产的食品（如软饮料、精制淀粉小吃或含酒精饮料）占比多少？

在哪里获取信息

- 国家、地区或当地膳食指南。
- 调查结果：包括家庭消费和支出调查、其他由当地或区域内高校或其他研究人员开展的膳食调查。要注意，获取的信息类型和质量取决于调查方法。
- 国土安全部（DHS）或联合国儿童基金会多指标聚类调查（MICS），或其他营养调查，其中包含有关儿童喂养的数据。
- 食物成分表和数据库——国际食物数据系统网络（INFOODS）网站：

www.fao.org/infoods/infoods/ta

  - 是否存在国家或地区的食物成分表？是否为最新的及质量高吗？是否包含人们消费的所有食物，包括野味或常吃的品种？

- 营养要求：
www.fao.org/ag/humannutrition/nutrition
- 核心问题访谈或焦点小组讨论。
- 关于人口趋势的信息（增长率、构成、城市化和移民）通常可以从国家统计局获取。
- 关于当地食物消费模式的研究报告。

小贴士

- 关于食物消费模式的信息往往无法获取。在这种情况下，可能有必要在项目准备期间，或作为项目初始阶段的一部分，开展食物消费模式的研究，建立用于后期效果评估的基线值，并为项目实施提供支持，例如，促进选定作物的种植、营养宣教等。

- 食物消费调查通常不包括食用量少、食用频率低或某些宗教食物。如果这样，尽管这些食物可能对膳食营养和食物多样性很重要，但其消费数据可能没有被记录。请注意，野味或未普遍利用的食物，可能在现有数据中报告不足。

五、食物供应和季节性

问题：

- 在农村 / 规划地区应该生产哪些食物？什么季节种植？是否生产了所有种类的食物：谷物、薯类 / 淀粉块茎、水果、蔬菜、豆类、坚果、乳制品、禽蛋、肉和鱼、油和脂肪？各类食物应季规律是什么？有没有食物短缺的时候？如有短缺，是哪类食物，短缺多久？
- 生产的食物主要是自给还是销售，还是二者都有？
- 综合考虑气候、土壤肥力、降雨等因素，当地的农业生态条件下可以生产哪些食物？最适合当地气候种植的作物是什么？食物生产的主要制约因素是什么？
- 市场、商店和街头小贩普遍售卖的食物是什么？其随季节变化的供应情况如何？
- 居民习惯购买的食物有哪些，购买的主要限制条件有哪些（收入、路途远近、稀缺性等）？其又是如何随季节变化的？
- 是否通过储存和 / 或加工食物以增加全年的供给？如果是，都有哪些食物？食物储存加工是家庭作坊、合作社还是工业化水平？储存和保存食物的主要瓶颈问题有哪些？

在哪里获取信息

- 作物评估和牲畜普查报告。
- 农业推广部门、农业营销部门或统计局，定期采集市场价格数据。
- 考察当地市场。
- 针对关键问题与当地生产商、加工商和零售商进行座谈。
- 食品安全和风险评估。

小贴士

- 使用现有图表或与当地农耕专家一起筹备农业日历，通过与当地专业人员或合作社的互动，制定当地食物供应日历（包括当地产量和市场供应情况）。

- 尽可能将日历与急性营养不良和／或疾病的季节性模式进行比较。

六、家庭获取食物的途径

问题：

- 家庭如何获得食物：通过自有土地生产、购买、采摘、交易、馈赠或食物援助？每个来源的相对重要性和可靠性如何？

- 中、低收入家庭是否有充足的购买力，消费充足的食物和其他必需品？

- 主要消费的食物价格如何？不同地点和季节有差异吗？

- 对于中、低收入家庭而言，诸如动物产品、水果和蔬菜等大类的食物价格是否过高？食物价格正在上涨还是可能上涨？

- 当地家庭的主要收入来源是什么，例如，打工、销售自家农产品、汇款（家庭成员在外务工的收入）、贷款、创业项目等，这些收入来源稳定吗？

- 在距离、交通方式和费用方面，家庭是否可以顺利地在市场上购买食物？

- 家庭购买食物的习惯是否发生变化？如果是，如何改变？例如，是否更加依赖购买食物和超市？

在哪里获取信息

- 调查：家庭消费和支出调查、食品安全和危害综合评估以及其他食物安全或民生评估调查。请注意，许多食品安全评估主要追踪主食或膳食总能量。需要其他信息源来追溯特定种类食物的可用性和可负担性。

- 针对关键问题，与焦点小组、当地社区成员、农业领域专家进行座谈。

七、性别和护理实践

问题：

- 女性在教育状况、权利、获得资源和决策权等方面与男性相比如何？

- 不同家庭成员的角色和责任是什么？

- 在农业生产中，女性最大的劳动负担是什么？想要增加其收入，并减少其劳动负担，存在哪些机会？有哪些困难？

- 女性在为家人提供充足的食物保障方面，有哪些限制因素？

- 谁负责照顾家庭中的儿童、老人、病人？在家庭和社区层面，社区结构和亲属关系网络如何？

- 母亲们有多少时间用于照顾儿童或喂奶？

- 妇女是否有机会获得生殖健康服务和计划生育服务？

- 照顾好全家需要面临哪些困难？例如，家庭中有工作或有自主能力的成员人数明显低于家庭总人数。

小贴士

- 女性的工作量往往会影响她们对家人的护理（例如，忙于田间劳作时往往无法按时喂养儿童）。建立妇女每日或每周活动议程很有用。这有助于评估哪些项目会增加妇女的工作量（这些工作会对家人护理产生不良影响），并找出减少工作量的可能性，例如，自动化技术。

在哪里获取信息

- 不同性别人群问题的研究
- 关键问题访谈和热点讨论。

八、公平获得生产性资产和营销机会的问题

问题：

- 弱势家庭或群体是否可以获得生产性资产，即：土地、水资源、农资产品和农业推广服务？

- 他们是否有可能从事小规模的园艺、小型畜牧业、池塘/鱼塘养殖？

- 他们是否有机会参与食品加工和零售等非农活动？

- 各种人群的市场准入有哪些制约因素？

- 现有的基础设施和安全措施是否会加强或阻碍其获取生产性资产、创业项目或食品营销？

- 注意：这些问题的答案可能因团体或社区而异。

在哪里获取信息
- 食品安全调查和研究。
- 关键问题访谈和热点讨论。

九、政策框架和规定

注：以下许多问题可能难以回答，因为关于食物和农业政策对食物营养影响的研究很少，数据也非常有限，特别是关于食物消费的数据。但是，要注意到这些问题会很有用，并且也确有极少量此类研究已经在进行。

问题：

- 哪些关于营养、食物、农业或其他行业中的现有政策，明确提到以营养为目标、手段或切入点？
    - 政策框架是否旨在增加各种富含微量营养素的食物产量？使其价格在可承受范围内，和/或增加富含微量营养素食物的摄入量？
    - 是否设计了便于获取食物信息的政策框架，即：营养标签、学生营养餐标准、居民膳食指南、面向公众和学生的营养宣教？
- 是否有相关政策框架或法规，对家庭食物消费模式和食物选购习惯产生重大影响？如果有，是哪些？可能包括食物补贴、农业投入补贴、社会保障计划（优惠券、现金和/或食物）、贸易政策、食品质量安全条例等。这些政策对家庭消费模式的正面和负面影响是什么？
- 目前的政策框架下，有哪些重大政策问题（如食品安全条例；通过社会保障计划提供的食物营养成分）尚未解决？
- 这些政策（或缺乏这些政策）可能会对方案制订产生什么影响？
- 该计划如何与现有政策相结合？
- 项目最终如何影响政策和决策过程？为改变国家或国际政策，政策制定者提出的最有针对性的观点是什么？

小贴士

- 政策和监管框架通常既有正面又有负面影响，对不同人群有不同影响。例如，对主食的补贴可以减轻家庭支出，但降低了有些家庭的食物多样性，这些家庭会增加富含碳水化合物的食物的比例，而放弃其他食物。正面、负面影响平衡的评估，应考虑到各种问题，如经济、环境影响等，包括人群的主要营养和健康问题。

- 如果项目要扩大规模或可持续发展，则可能需要一个政策框架。

在哪里获取信息

- 审查主要政策文件。
- 与政策制定者、食物和农业部门专业人士、民间组织、消费者联盟以及当地家庭进行访谈。

21

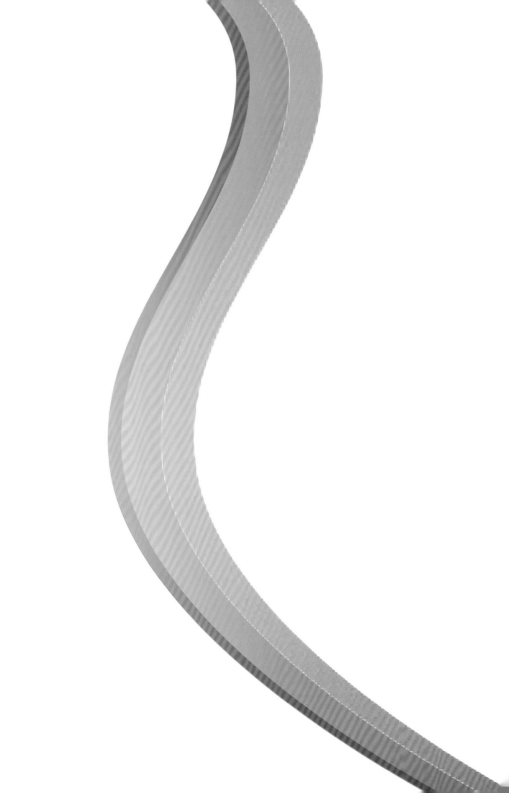

第四章 项目规划：实施层面的重要建议

本章旨在为规划营养导向型农业投资提供指导，包括确定规划目标、影响指标、实施方案及其在食物营养方面的作用。本指南旨在为十项重要建议提供指导。

一、确定项目目标和影响指标

关键建议 1：
将明确的营养目标和指标纳入设计，并追踪和减轻潜在的危害

问题：

- 该计划的主要目标是什么？
- 营养是否被视为目标的一部分？具体内容如何？
- 项目中最有可能影响食物营养的因素有哪些？
- 该计划可能通过哪些路径影响食物营养，特别是增产增收与家庭食物获取、消费（包括食物多样性）之间的联系？
- 哪些特定的营养目标与现况评估时发现的营养问题有关，从项目的影响路径来看这些目标是否现实？
- 可以使用哪些营养指标来衡量这些目标的进展情况？
  - 是否有基线值可供您设定切合实际的目标？
  - 衡量哪些因素有助于将营养改善归因于项目成果？

小贴士

- 将营养状况用作影响指标：考虑到健康和护理将对营养状况产生很大影响，如果农业干预政策不是多部门共同参与的，将难以改善营养状况。
- 食物和农业干预旨在改善膳食质量（可获得、食物多样、适量和安全），但实现这一目标的途径需要进一步明确。
- 与营养相关的影响可能来自其他方面，如赋予妇女权利、降低疾病风险或改善护理实践。监测和评估应至少对其进行定性评估，以确保其无害。
- 可能需要多个指标来衡量产生的影响，并了解产生影响的途径。有关喂养行为的信息，尤其对于幼儿，是十分重要的。
- 建议呼吁评估专家选定指标、数据收集和抽样方法，并协助制定目标。

常用指标

注：参见 FAO 关于营养导向型农业指标汇编（2015 年）。

膳食和食物消费

- 个人膳食多样性评分用以评估膳食质量，通常用来收集妇女和儿童信息。
  - 妇女最低膳食多样性的新可靠指标：www.fao.org/food/nutrition-aassessment/women
- 家庭膳食多样性评分用来评估家庭获得食物的途径
  - www.fao.org/fleadmin/user_upload/wa_workshop/docs/FAO-guidelines-dietary-diversity2011.pdf
- 目标食物的食用频率，例如，上周食用某种特定食物的天数和食用量。
- 婴幼儿喂养（IYCF）指标 www.who.int/maternal_child_adolescentdocuments/9789241596664

- 儿童或女性摄入富含维生素A的食物量。
- 儿童或女性摄入富含铁的食物量。
- 食物风险经验量表（FIES）（FAO）。
- 家庭饥饿量表（HHS）（食物和营养技术援助，FANTA）——仅适用于严重食品危机/饥饿的地区。
- 家庭食物充足供应的月份数（MAHFP）（FANTA）。

疾病与健康

- 卫生、健康、家庭设施。
- 生产生活用水的水质。
- 疾病的发病率、流行情况和严重程度。

性别

- 项目参与者的性别。
- 女性获得土地和其他生产资源的途径。
- 女性对农耕收入的控制权、男女间收入分配情况以及女性的购买决策力。
- 农业指数妇女赋权（WEAI）（USAID，IFPRI 等）。
- 男女平等和规范的定性评估。

其他

- 改变收入、劳动力使用以及高营养食物供应的季节性。
- 由哥伦比亚大学地球研究所开发的营养功能多样性指数（Remans et al, 2011），根据膳食摄入情况对农业生物多样性的深度和广度进行了量化。

　　营养导向型农业的投资规划应设法改善营养现状，还至少应确保不损害包括生产者和消费者在内的项目各涉及方的营养状况。

农业干预可能带来的损失：

- 扶持特定主粮或经济作物品种，可能降低其他作物（富含微量营养素的品种）的产量，不仅影响食物多样性，还会导致食用过多的富含碳水化合物的食物（见关于多样化的第6部分）。

- 高负担女性(兼顾子女哺育者)会对婴儿最佳喂养产生负面影响(见第 3 部分关于性别)。

- 需要前期投资的项目可能会给小农户的参与造成困难,并扩大贫富农户之间的资源差距(见关于权益的第 2 部分)。

- 农用化学品会对健康造成严重危害。通过培训、使用防护装备、采用农业生态学方法可以减轻危险(见关于自然资源的第 5 部分)。

- 农用化学品还可能减少生物多样性,削弱对农业生态土壤和有害生物的管控,并会对生产力造成影响。

- 农业用水可增加疾病的风险,如疟疾传播、污水中的微生物和污染物以及人畜共患疾病和寄生虫。这些风险可以通过蚊帐、改进的废水管理和兽医服务来缓解(关于自然资源的第 5 部分)。

- 一些农业干预措施可能会对土壤肥力、生物多样性和水资源供应产生负面影响。这些影响可通过可持续生产技术加以缓解(见关于自然资源的第 5 部分)。

- 根据选择的品种不同,单一品种的种植可能减少其消费。否则,其他原因(如营养素含量)可能带来更多的消费(见关于自然资源的第 5 部分)。

小贴士

避免造成损失的总体策略:

- 在规划阶段进行系统化的处理,根据实地情况,确定可能对营养产生的意外损失,并制订应急预案。
- 建立有效的监测系统,监测各种不利情况,并确保及时

解决突发状况。

- 从开始就确定清晰的营养目标。
- 与卫生部门合作,获取有关健康风险和解决方案的信息(可以将其视为特殊的应急方案)。

附加信息

- FAO 影响评估课程：www.fao.org/spfs/learningfromresults/e-learning
- 法国农业国际发展研究中心（CIRAD）的报告："农业干预对营养有什么风险？" www.spring-nutrition.org/publications/resource-review/updates/what-risks-do-agricultural-interventions-entail-nutrition

- IYCN "营养影响评估工具" www.manoffgroup.com/4IYCN_Achieving-nutritional-impact-andfood-security_0211.pdf.

二、目标区域及人群，兼顾公平

关键建议 3：
瞄准弱势群体，提高公平性

问题：

- 谁是该计划的受益者？

- 如果弱势家庭不是主要受益人，他们是否有可能通过该计划间接受益？（如地头市场可能以低价增加食物供应；全价值链可能存在就业机会）

- 该项目或投资对育龄妇女和幼儿有哪些好处？

- 干预措施可能给目标人群带来益处，而损害其他群体利益吗？

- 对土著民族是否有特殊考虑？群居部落呢？

- 目标群体是否也是该地区其他计划或干预中的一部分？项目研讨可以合并或协同开展吗？

小贴士

目标群体可能包括：

- 城市和城郊食物生产者，他们可以协助增加营养膳食的供给；

- 小农户，他们可能接受适宜的推广技术，例如微灌溉；

- 贫穷家庭和／或低保户；

- 无地劳动者，可以通过增加全价值链的就业岗位，避免劳动力流失；

- 边缘化群体，如土著和游牧民族；

- 青年人，结合其性别特征进行新技术培训；

- 女性（见关键建议 6）。

提高公平性的系统做法有：

- 信贷和金融服务，包括保险、社会保障措施，如资金扶持、食物流通支持和托儿服务；
- 通过物流、信息化、农民组织或合作社，增加小农户（特别是妇女）进入市场的机会；
- 增加对牲畜、种子和仓储设施等生产性资产的扶持；
- 改善水源状况；
- 获得推广服务和技术的便利性，尤其是针对妇女；
- 扶持反映小农（特别是妇女）利益的农业研究；
- 土地使用权和相关政策；
- 用水政策；
- 制定为小农户提供拓展服务、融资，使其获得农资和适宜技术的政策；
- 为没有土地和低保家庭提供适宜的就业机会。

三、与其他项目工作相结合

关键建议 4:
与其他部门协调合作

仅靠食物和农业项目不一定能够对营养状况产生影响。通常需要得到健康、饮水和卫生、教育和社会保障项目的配合。因此，寻求与其他部门业务的协同推进非常重要，例如，针对同一地区，协调开展从本地采购食材供应当地学校食堂等学校供餐项目。

问题：

- 是否可能将规划项目与现有工作，以及正在进行中的项目联系起来？
- 现有或已提议的促进利益相关者之间协调和沟通的渠道是否通畅？其在哪些层面上运营？谁参与了这个过程？
- 农业投资能否与其他健康、饮水和卫生以及社会保障项目（旨在消除营养不良）在同一地区开展？
- 农业项目的工作人员可否将干预对象转介到其他项目中，反之亦然？农业、健康和社会保障相关人员是否进行联合实地调查？
- 公私结合的合作关系是否能够解决食物和营养安全问题？
- 该项目是否包括类似的创业项目，或与针对饥饿时期社会安全网相关联？

小贴士

加强多部门联合可通过以下途径：

- 共同的指标和问责机制；
- 共同实施的项目资金共用；
- 成立跨部门机构，如全国营养委员会或多部门多机构联合投资规划工作组；
- 向营养、水和环境卫生相关的同仁咨询专业技术知识或基线调查情况；
- 以问题为导向，提高专业培训水平，例如，强化工作人员的多部门评估和工作能力；
- 在同一地区重叠的部门计划；
- 将小农生产与社会保障计划联系起来，例如，通过让当地生产者加入食品安全网；
- 将跨部门合作列为征求建议书的一个条件，并要求确定可能的合作伙伴；
- 从多学科拓展团队，增加营养学、家庭经济学和农业技术推广人员之间的交流，例如，以研讨会的形式。

四、维护和改善基础自然资源

关键建议 5：
维护或改善基础自然资源

　　农业生产活动应以可持续的方式利用自然资源，适应气候变化，并采取措施确保野生生物多样性得以维持，作物和农业生产均不会破坏基础自然资源。水、土壤、空气、气候和生物多样性，对弱势农民的生计和适应能力，以及人人享有的可持续食物和营养安全至关重要。水资源管理对减少媒介传播的疾病，确保可持续、安全的家庭水源尤为重要。

问题：

- 该项目是否包括保护或改善土壤肥力及生物多样性的措施？（请参阅下面的小贴士）

- 该项目可能会影响营养不良的家庭的用水量和水质吗？

- 水资源的利用是否可持续增长，且不影响周边用水和长期用水？

- 该项目是否会影响到女性购买和使用水资源的难度？

小贴士

与营养有关的自然资源管理办法包括：

- 通过土壤肥力和侵蚀控制改善土壤状况。推荐方法包括：种植豆类并轮作，"农耕—畜牧"相结合，对改良土壤有机质和生物多样性的有机肥或堆肥以及可持续的土地管理技术给予补贴。

- 碘、锌和铁肥可以提高土壤肥力，如果在土壤中进行添加，可以提高作物中的微量营养素含量。这些措施可以实现环境（更好的土壤）、经济（更高的产量）和营养（更有营养的食物）的三方共赢。
- 公平的获取水资源，以及可持续的扶贫水资源管理。微型灌溉或许有用，比如，雨水收集、低成本的滴灌系统和脚踏水泵。
- 生物种群保护是一种有利于营养的生态系统服务。野生食物可能会对营养需求及收入、消除风险和提高适应能力产生显著影响。同一物种的不同品种，也可能因其不同的营养成分和人群偏好而造成消费量的显著差异。包括农林业在内的保护行动，可利用当地适宜品种，促进多品种的综合利用，加强当地食物系统和欠开发食物的利用。将高效炉灶或沼气用于烹饪和其他方面，可以减少对木材的需求，从而保护树木和森林。
- 使用天然杀虫剂，如印棟叶或熟石灰或天敌，通过害虫生物防治可降低农药对水质和生物多样性造成的风险。
- 建立自然资源保护激励机制的可能性，包括：根据当地条件和生态系统的自然荷载能力进行定价与投入分配；向农民提供的生态系统服务进行经济补贴；以及良好的土地管理、植物遗传资源、灌溉和渔业。

其他资源

- 粮食和农业遗传资源委员会（CGRFA）通过的"将生物多样性纳入营养行动的政策、项目和国家及区域计划的自愿准则"（CGRFA-15/15/ Report Appendix C：www.fao.org/nr/cgrfa/cgrfa-meetings/cgrfa-comm/fifteenth-reg）

五、兼顾性别和女性权利问题

关键建议 6：
赋予女性权利

妇女的收入和决策权与家庭成员营养状况的改善息息有关，因为在各种文化中，妇女始终作为家庭营养的提供者、儿童养育及其健康的守护者。此外，男女平等作为最基本的一项人权，在妇女将农业投入和产出转化为营养成果方面发挥着核心作用。

问题：

- 妇女如何参与该计划，并从中获益？
  - 她们是否有可能控制该计划产生的收入？
  - 该项目对不同性别人员的工作时间要求是怎样的？
  - 该项目对女性的时间要求是否会影响其精心照料幼儿？
  - 对女性的时间要求是否能增加其收入和决策权？
  - 是否有高效的技术可以纳入项目中，以减少女性在农业或家务方面花费的时间？
- 参与讨论的男性是否赞同政策调整？

小贴士

通过农业项目促进妇女权利的赋予。

- 在项目的计划阶段，权衡幼儿看护和农业生产之间的关系，并评估工作时长和对劳动力的要求。
- 针对妇女的具体农耕作业包括：
  - 关注妇女种植的粮食作物。

根据当地的情况，非主流的小作物更适合由女性完成，其中包括蔬菜、水果、豆类、传统本地作物及畜牧业。家庭菜园通常由女性打理，因此可以提高女性对食物消费的决策权。

警告：经验表明，当小作物成为收入来源时，男性可能会试图掌控这些资源。例如，通过基于社区的方式让男女共同参与工作，强化女性生产以赋予妇女权利，有助于确保男女双方都从工作中获益。

- 对女性销售的作物和动物产品，提供培训和市场准入机会。
- 给予女性更多获得推广服务、技术、农资投入、市场和信息的机会。
- 通过技术投资减少劳动力和时间成本，特别是对于典型的女性工作，如除草、收获、加工和食物保存。已有一些轻型农机具的示范，鼓式播种机的使用、机械除草、机械抛光和集水技术（如踏板泵）等。

- 通过上述方法增强妇女对收入的控制。

- 与女性赋权有关的农业规划，其组成部分还可能包括：
  - 为幼儿看护创造有利的环境。考虑妇女培训时的儿童看护问题，应包括：为哺乳妇女提供哺乳场所；倡导父亲们、家中年长女性及其他长者积极担当；以及支持日托中心等，特别是对于城市女性。鼓励男性积极照顾儿童。
  - 改善获得金融服务的机会。
  - 引入受性别影响的社会保障机制，如提供额外的口粮、优惠券、服务券和多种微量营养素的保健品。

- 鼓励女性积极参与上述活动的方法：
  - 方案设计时就让女性参与，并在实施过程中直接与其合作。这样就可以让女性自己找到解决劳动力和其他时间限制问题的适宜方法。
  - 将正向偏差作为赋予妇女权利的一种直接方法，通过对其自身才能的信任，促使她们能够将机会转化为行动。
    （www.positivedeviance.org）

六、选择更易于获取各种营养食物的方案

关键建议 7：
促进生产多样化，提高营养丰富的作物和小规模牲畜的产量

  多样化的生产系统对弱势生产者来说很重要，可以确保其抵御气候和价格冲击。多样化的食物消费，可减少食物和收入的季节性波动，以逐渐促进男女收入平等。

问题：

- 家庭、社区和 / 或市场的多样化，更加便于居民获得营养膳食吗？
  - 农民宅基地是否靠近自己的耕地？多样化生产可否影响其自身食物消费？
  - 农民住所附近是否有能够及时购买所需食品（包括生鲜食品）的市场？
  - 农民是否能够进入市场 / 贸易场所销售生鲜食品？
- 一些含有特定微量营养素的食物是否难以买到或价格太贵？
  - 该计划如何影响食物的绝对和相对价格，以便于目标群体获取这些食物？
- 如果这些食物能够买到，6~23 月龄的幼儿能否吃到？
- 栽种哪些当地欠开发的食物资源，可以改善居民膳食水平和营养素摄入？
- 如何增加可以为城乡居民提供营养膳食的市场数量？

关于生物多样性

- 同一物种不同品种之间的宏量和微量营养素、其他有益生物活性成分可能存在显著差异。数据显示，有时营养含量可相差 1 000 倍。例如，一种香蕉可以提供的维生素 A 可在 RDI 的 1% ~200% 变化。

- 这种情况如果预知，可以人为选择高营养含量的品种。但各品种的营养成分并不为人所知，推广多品种种植也可以促进食物营养的进步。

在哪里获取不同品种食物的营养成分

- INFOODS 网站是食物成分表和数据库的储存库。其中一些表格提供了各种营养成分信息。www.fao.org/infoods/infoods/tables-and-databases

- 期刊文章可以搜索到某个物种特定品种的相关营养信息。例如，发表在 Journal of Food Composition and Analysis 杂志上的文章。

小贴士

以下列目标为导向的农业干预措施，被推荐为提高营养食物供给的方法：

- 多样化生产经营，以改善食物供应和膳食多样化、自然资源管理及其他目的。

- 根据环境评估和当地营养问题，增加高营养密度食物生产，特别是适合当地的富含微量营养素和蛋白质的品种。
  - 强烈推荐种植园艺作物，以提高微量营养素摄入和膳食多样性，增收的同时还能调动女性工作积极性，减少季节性波动；可以家庭种植或市场化运作。

- 小规模生产动物性食物，以改善微量营养素、蛋白质和脂肪的摄入；保持小规模生产，避免破坏自然资源和超出女性的生产能力。
- 倡导利用欠开发的营养食物来解决营养不良问题。
- 增加高营养价值的豆科作物种植。豆类富含能量、蛋白质和铁，并具有固氮能力，这可以提高土壤肥力和产量并减少投入。
- 投资生物强化品种，特别是自然育种的品种可以作为备选策略。
- 主粮作物种植在大多数情况下是必要的，但其不足之处在于无法提高膳食多样性。
- 经济作物生产可能会带来一些不可预期的风险，比如，粮食安全风险加大和全年膳食质量下降及男女不平等；逐步推进的策略可以降低这些风险。

七、提高加工、储存和保存技术

关键建议 8：
提高加工、储存和保存技术

　　适宜的加工、储存和保存对减少产后损失至关重要，而且有助于延长高营养食物的消费保质期。通常的加工和储存技术可以保存食物营养，有些加工技术甚至可以增加食物营养，例如，烘烤、生芽和发酵。加工、储存和保存可以提高作物附加值，增加收入和利润率，减少粮食危机的季节性波动，并提高食品安全。食物加工和保存还有助于减少食物浪费。

问题：

- 该项目是否会改变食物的质量、食品安全或营养成分？
- 哪些作物需要提高储存条件？
- 价值链中是否有黄曲霉毒素控制的切入点？

注意：

- 食物原料中营养素含量越高，其加工后的产品中营养素含量也越高。
- 储存和烹饪会减少维生素含量。
- 粮食碾磨减少了营养成分，例如，脂肪、蛋白质、矿物质和维生素的含量，但通常会延长其保质期。
- 发酵和生芽有助于提高营养素的生物利用率。

小贴士

与营养有关的技术类型：

- 收获后管理时控制病害，包括毒素。
- 收获和处理
  - 收获后处理的效率；
  - 其他"优良收获"技术。例如，成熟时收获可避免损坏和擦伤；不食用或销售近期打药的作物。
- 保存和处理
  - 在采取太阳晒干或阴干处理前，蔬菜焯一下；
  - 食物强化或减少研磨；
  - 压榨油籽；
  - 谷物经过烘焙和抛光，可以减少体积并提高消化率；
  - 发酵面粉、粥和牛奶；
  - 选择最佳的加工方法，以保存食物中的微量营养素。

- 运输和储存
  - 在可行的条件下，对储存前的新鲜农产品进行清洗和干燥；
  - 在阴凉、透风的设施中储存食物，要防止昆虫和啮齿动物的破坏；
  - 储存种子和种苗；
  - 确保收获后运力充足、及时；
  - 通过合作的方式摸索出更好的存储环境，以确保收割后销售期的延长，从而增加农民收入。

项目还可以投资于科学研究，以改善作物收获后的管理，包括改进加工、储存和保存技术。

要警惕：当食物成品高糖、高脂和高盐／钠时，食品加工过程可能会对其营养品质造成破坏。

八、构建营养导向型价值链，增加市场准入

关键建议 9：
针对弱势群体扩大市场和市场准入，特别是经销营养食物的商户

当以市场需求为导向的个体价值链生产时，多样化食物的选择空间会更为有限。但在某些情况下，更多样的食物选择可能会激励农民生产并消费营养食物，否则他们不会这么做。

价值链和营销策略通常扶持有经济实力的农民、生产者和零售商进行投资、规模化生产和提高竞争力，他们并不是最弱势的群体。这就是说，可以采取措施提高特定价值链投资的营养贡献率，使其成为营养导向型，并为食品供应商（生产商、加工商和零售商）和消费者带来营养收益。总体而言，重要的是考虑将个体价值链视为大食物系统的一部分，以及如何使其有利于提升当地膳食状况。

小贴士

可采取以下措施增强价值链对营养的影响：

- 生产
  - 选择营养成分最多的品种；
  - 生物强化；
  - 为弱势群体创造农场就业机会。
- 加工
  - 选择加工方法，以最小的营养损失为前提，延长食物保质期；
  - 食物强化（如谷物）；
  - 在加工过程中产生非农就业。
- 营销和零售
  - 增加市场的商品供应量可以降低消费价格；
  - 增加市场准入和机会；
  - 为弱势群体（特别是女性）创造就业机会。

- 营养宣教和消费意识
  - 社会营销和小农户对食物的需求是一个有力工具。促进居民购买和消费营养食品并养成健康习惯，这有助于居民改善家庭营养和健康。

  - 基于食物的膳食指南，可作为农业、卫生和教育领域的有效工具，以提高对健康食品的供需敏感度。

投资农业价值链对食物营养的重要作用是改善市场准入：

- 为生产者、加工者和零售商提供帮助，促进其产品销售并创收，高收入可以改善其自身的健康、保健和食物消费水平；

- 为消费者提供买得到、买得起的营养食物。

小贴士

如何增加市场准入：

- 农民协会、商业培训和库存信贷计划，帮助小农争取优惠价格，获得议价能力，并参与决策过程。
- 小规模加工企业和微型企业，尤其是女工为主的企业：例如，果酱、果汁和干果企业。
- 生产适销对路的食物，顺应

市场是满足收入和食品需求的关键。评估野生和欠开发食品的市场潜力，特别是高营养食物的市场潜力，以及野生食品的推广潜力。

- 小农在营养食物生产（如低投入）方面更具优势，想要契合市场，可以通过促销和社会营销来提高需求。
- 改善基础设施：道路、灌溉、

仓储设施、批发市场和电气化，以改善市场准入条件。

- 拓展市场信息系统。
- 了解小农经营和收入的家庭内部因素及瓶颈问题。
- 符合质量标准，例如，提高食品安全水平（如减少黄曲霉毒素）。
- 以储备或粮食援助为目的的政府粮食采购业务可以作为一个潜在市场。
- 通过政策和规划开发新市场。例如，一些学校供餐计划中，建议采购部分当地食材。
- 加强农民、食品经销商以及加工商之间的业务联系，例如，可通过强制执行的订单农业系统。

九、营养宣教与消费意愿相互融合

关键建议 10：

基于当地现有的知识、认知和做法，将营养促进与营养宣教融入食物和可持续的食物系统

营养教育不仅能引导人们选择健康膳食，还能增加居民对当地农产品的需求，从而引导当地供给商（如生产者、加工商和零售商）提供营养健康的食物。

- 该项目可否与营养宣教互动相结合，以确保营养改善得到全体家庭成员的高度重视？
- 谁掌控并影响着家庭食物选择和儿童保健的事宜，责任人是否全都纳入了营养宣教？
- 宣教人员需要哪些资源、知识、技巧和支持，才能够成为合格的宣讲者？

为确保有效的营养教育，应考虑以下因素：

- 设计营养宣教方案时，应结合行为变化理论、行为可塑性评估，以及目标人群的特殊需求。
- 开展营养宣教时，应明确膳食行为的影响因素，即，家庭中由谁来主导母子间的食物种类、膳食习惯或哺育，并将这些因素作为宣教的直接目标，而不是提供一般的营养信息。
- 营养宣教应包括一系列系统的行动方案，实施这些方案时可以加入烹饪示范活动和学校菜园项目，最终目标是提升居民健康膳食的意识和技能。
- 营养宣教活动还可以促进公共政策的实施，营造更利于大众选择健康膳食的良好氛围。

方案设计时应重点列出宣教措施，提升当地机构（政府、非政府和私营部门）在食物和农业领域的工作能力，以便解决营养问题。项目执行时，这些工作可通过岗前和岗上培训，以及在职学习和接受指导来完成。

设计营养宣教活动时要考虑的要点

营养教育的潜在目标对象，包括女性、男性和儿童。

教育或培训可以解决哪些重要问题：

- 提高食物处理和食品安全意识；
- 健康食物选择和均衡膳食；
- 不同家庭成员的营养需求；
- 鼓励种植和消费当地可利用的高营养食物，即使其非常低廉；
- 食物准备和储存，包括烹饪示范；
- 减少收获后损失和长期储存，以保持其营养成分；
- 增加家庭多样化食物供应；
- 鼓励环境可持续的食物消费模式；
- 过度加工食品以及肥胖症和慢性病的健康风险；
- 护理实践、母乳喂养和解决食物禁忌。

注：信息的重点和内容应通过

评估当地与食品和营养安全有关的知识、认知和做法来确定。（见：*www.fao.org/docrep/019/i3545e/i3545e00.htm*）

如何在教育和行为改变方面取得成功：

- 掌握以下基本情况：当地人对膳食和营养的看法，当前行为的原因，以及行为改变的困难和机会。正偏差法是一种可利用的方法。
- 有简洁明了和可行的主题。
- 将国内现有信息和指南作为基础，如基本营养行动（ENA）或居民膳食指南。
- 将信息与农业干预紧密联系在一起，例如，有关作物的营养信息，以及种植和保存农作物的方法。
- 通过多渠道同时发布信息。
- 通过以下方式为营养宣教创造有利环境：投资营养教育能力开发，包括对农业、卫生和教育推广机构的营养培训；小学的营养课程，其中可能包括学校菜园；并增加推荐食物的供应量（如水果和蔬菜）。

在哪里收集目标社区的信息：

- 以群体为基础的各项活动，如妇女团体、市场协会、小额信贷组织；
- 学校；
- 家访；
- 社区花园或专门为培训组织的聚会；
- 促销日；宗教中心；演出（如话剧、故事宣讲）；大众媒体：

广播、电视、广告牌和海报等；
- 社会营销和社交网络。

谁可以主讲营养宣教培训课程：

- 项目工作人员；
- 农业推广机构工作人员；
- 与营养项目合作的志愿者或卫生人员，如社区卫生工作者、辅助护士和助产士。

小贴士

- 可以咨询卫生主管部、农业主管部和教育主管部门及其合作单位，了解哪些营养宣教计划和教材已经存在。如果需要开发新材料，三大部委及其合作单位必须确保所有部门参与，共同制订与实际情况相关的营养宣教计划和信息。
- 可通过农业推广系统（包括农民田园学校）、妇女团体、生产者组织、中小学校、卫生系统和媒体开展营养教育工作。
- 学校的营养宣教活动，包括学校菜园、营养教育课程、学生餐标准等，将学校配餐工作与当地农民相互联系，是引导儿童认识食物生产和消费多样化的重要途径，也是营养宣教深入家庭和社区的关键。

附加信息

- 家庭营养指南
  ftp://ftp.fao.org/docrep/
  fao/007/y5740e/y5740e00.pdf
- 学校菜园新政
  www.fao.org/docrep/013/
  i1689e/i1689e00.pdf
- 补充喂养
  www.fao.org/ag/humannutrition/
  nutritioneducation/70106
- 其他资源
  www.fao.org/ag/humannutrition/
  nutritioneducation

- Hawkes, C., 2013."通过营养
  教育和食品环境变化促进健
  康饮食：对行动及其有效性
  的国际综述"。罗马：联合
  国粮食及农业组织营养教育
  和消费者意识小组。
  www.fao.org/ag/humannutrition/
  nutritioneducation/69725

第五章 规划文件总览

本章旨在指导负责进行同行评议的专业人员，或在方案设计完成后对方案文件给予技术把关，并要求他们评估方案是否充分解决了营养问题。如果评议人觉得这个设计没有完全解决营养问题，可以参考关于方案设计的章节来寻求建议。

营养状况

- 该方案应该解决哪些国家或地区的主要营养问题？方案文件中讨论的国家或地区的主要营养问题是什么？

弱势群体／目标受益者

- 是否确定了弱势群体或目标受益者？
- 如果已确定，是哪些人？是否已提供当地的地况资料？是否已提供当地此类人口的信息，例如，占总人口的百分比？他们是否与易出现营养不良的群体相对应？他们的膳食习惯以及日常食物成分是否已知？

营养愿景／目标／行动

- 规划文件中规定的食物和营养安全目标是否具体？如果是，请说明。
- 实施专门的营养计划或者最优方案，是否可以保障实现营养目标，并减轻对营养的潜在危害？如果是，有哪些？其是否能够提高该项目对食物营养的影响力？（请参阅"通过农业改善营养的关键建议"和"项目设计"部分提供的指导，以获取更多详细信息。）

机构间合作与协调

- 是否已有合适的机构主导实施营养计划？
- 合作者／利益相关方／宣教机构，如政府部门、非政府组织和国际捐助机构，是否通过合作确立了营养计划或最佳实践方案？
- 是否讨论过利益相关者间现有的或预期的协作机制？其在什么层面上运作？谁参与了这个过程？
- 公私合作关系是否能够解决食物和营养安全问题？
- 如何改善这些合作关系？

提高营养工作水平

- 是否讨论过（政府组织、非政府组织、决策者……）营养能力发展需求？如果讨论过，请描述。
- 方案中是否确定开展营养能力培养行动？如果是，请描述。
- 营养水平还有哪些可以改进的方面？
- 从国内或国际层面来看，是否有适宜的能力建设工具可供使用？
- 是否有加强营养投资的技术和操作指导？

监测和评估

- 计划中是否确定了量化营养规划效果的指标？如果有，有哪些？
- 是否讨论过国家（政府、非政府组织等）现有的数据收集和分析能力？如果是，哪些机构负责监测和评估？
- 是否有机构之间的合作机制用以跟进投资并进行协调？
- 如果需要，是否提出了加强数据收集和分析能力的战略？

资源影响

- 规划文件中，为营养有关的行动分配了哪些资源？如果没有，需要什么其他资源来实现所述的目标、结果。例如，人员配置、技术支持、信息技术、能力发展等？

- 可能的资金来源有哪些，如政府预算、国际捐助者（赠款、贷款和筹资）、公司合作制（PPPs）和其他创新机制？基于社区的滚动基金？